Eficacia de entomopatógenos en el control de Mosca Blanca (*Bemisia argentifolli, Bellows y Perring*), en algodonero en el DDR 014

Carlos Ceceña-Durán
Daniel González-Mendoza
Onécimo Grimaldo-Juárez
Pedro Ruvalcaba Sandoval
Olivia Tzintzun Camacho
Dagoberto Durán-Hernández

OmniaScience

Eficacia de entomopatógenos en el control de Mosca Blanca (*Bemisia argentifolli, Bellows y Perring*), en algodonero en el DDR 014

Autores:

Carlos Ceceña-Durán, Daniel González-Mendoza, Onécimo Grimaldo-Juárez, Pedro Ruvalcaba Sandoval, Olivia Tzintzun Camacho, Dagoberto Durán-Hernández

Cuerpo Académico de Biotecnología Agropecuaria (UABC-CA-165), Universidad Autónoma de Baja California, México

ISBN: 978-84-946352-6-7

DOI: https://doi.org/10.3926/oms.366

ÍNDICE

ÍNDICE DE CUADROS

ÍNDICE DE FIGURAS

ÍNDICE DE TABLAS

RESUMEN

En México existe interés por desarrollar investigaciones que permitan utilizar de manera óptima género de hongos entomopatógenos, consideradas dentro del control biológico. En éste mismo sentido desde 1996 en el Instituto de Ciencias Agrícolas, se iniciaron una serie de estudios relacionados con el uso de entomopatógenos, entre los que han destacado *Verticillium sp. y Paecilomyces*, contemplando la posibilidad de incorporarlos en un control integrado de la mosca blanca en algodonero con el fin de inducir una menor dependencia del uso de agroquímicos, participando así con la conservación del ecosistema. Con el propósito de esclarecer el grado de utilización de éstos microorganismos, la presente investigación buscó determinar la efectividad biológica de los microorganismos ya citados, sobre la mosca blanca en el cultivo del algodonero en los ciclos primavera-verano de dos predios agrícolas. Se efectuó una siembra con la variedad Delta Pine-20, localizándose en una superficie de 1000 m^2 en el lote 126 de la Colonia Pólvora; el diseño empleado fue un bloque al azar con 4 repeticiones en unidades experimentales de 5 m de ancho por 6 m de longitud, considerando los tratamientos siguientes: 1. *Paecilomyces* (A.M.) aplicación durante la mañana, 2. *Paecilomyces* (A.V.) aplicación durante la tarde, 3. *Verticillium* (A.M.) aplicación durante la mañana, 4 *Verticillium* (A.V.) aplicación durante la tarde, 5. Tratamiento químico. Herald + Hostation y 6. Tratamiento absoluto. Los resultados obtenidos durante el ciclo primavera-verano del primer predio, indicaron que el máximo potencial de rendimiento fue obtenido con el tratamiento químico (Herald 0.5 lt/ha + Hostathion 1.5 lt/ha), con 5.2963 pacas por hectárea; sin embargo, tan solo se obtuvieron 0.2593 pacas por hectárea sobre el tratamiento en donde se utilizó *Verticillium sp.* en aplicaciones vespertinas, lográndose 5.0370 pacas/ha; mientras que en el resto de los tratamientos se observaron rendimientos menores, por lo que la aplicación de *Verticillium sp.* durante la tarde fue un tratamiento referencial para la investigación del ciclo siguiente. De igual manera, se efectuó una segunda siembra con la variedad Sure Grow 125 en un predio de aproximadamente 1000 m^2 en el Ejido Jalapa, estableciéndose un diseño en bloques al azar incluyendo 5 tratamientos: 1. Aplicación de *Paecilomyces sp* y *Verticillium sp* durante la tarde 2. Un tratamiento químico convencional, 3. La mezcla del tratamiento químico + Entomopatógenos y 4. Un testigo absoluto. Las variables de estudio consideradas en el experimento fueron: Dinámica poblacional de mosca blanca, adultos por hoja, ninfa y huevecillo en 2.25 cm^2, rendimiento, altura de planta y presencia de fumagina. En los resultados, se observó que tanto el tratamiento químico con 6.906 pacas /ha, como la mezcla de entomopatógenos + el tratamiento químico con 6.834 pacas / ha, fueron los más sobresalientes, como resultado de una menor exposición al ataque de mosca blanca con 2.0 adultos por hojas y 1.8 ninfas en el tratamiento químico y 3.6 adultos por hoja y 3.4 ninfas para la mezcla de entomopatógenos y el control químico. Mientras tanto, el tratamiento con *Verticillium* indujo una producción de 6.339 pacas/ha, con 5.2 adultos por hoja y 5.11 ninfas en 2.15 cm^2. La aplicación de *Paecilomyces* con 5.57 pacas/ha y el testigo absoluto con 4.961 pacas/ ha, lograron el menor rendimiento debido a la poblacional insectil detectada en mayor proporción, con 12.7 adultos y 13 ninfas para el efecto de microorganismos y 15 adultos por hojas y 14.11 ninfas en donde no hubo aplicación alguna. En relación a la presencia de fumagina, esta se determinó de acuerdo al efecto de los tratamientos, detectándose 11% con el control químico, contrastando con el 53% de daño en el testigo absoluto.

Se concluye que la población de mosca blanca se ve afectada drásticamente con el control químico, lo que se manifiesta en el mayor potencial de rendimiento con 6.906 pacas/ha, y una fibra menos manchada por fumagina; sin embargo la utilización del género *Verticillium*, representa una alternativa de control biológico, ya que es capaz de inducir una producción sobresaliente (6.339 pacas/ha) con fibra afectada moderadamente por fumagina.

Capítulo 1

INTRODUCCIÓN

El manejo integrado de plagas, es una disciplina agronómica muy importante, que requiere de una secuencia lógica de actividades encaminadas a contribuir con la sanidad vegetal. El uso de entomopatógenos es tradicional en el mundo entero para el control de plagas en las especies vegetales. En México actualmente se aplica efectivamente el método de control biológico; el uso de entomopatógenos en el control de plagas limitantes de la producción agrícola, es un ejemplo palpable de ello (Jiménez, 1995). Para la utilización de estos microorganismos se requiere de estudios encaminados a definir las condiciones necesarias para su reproducción y posteriormente su aplicación en campo (García, 1994). Lezama y Munguía, (1990), De la Rosa et al. (1995), entre otros, han demostrado un gran interés por desarrollar investigaciones básicas y tecnológicas que permitan utilizar de manera óptima éste tipo de microorganismos como alternativa del control de insectos; realizándose además estudios que permitieron utilizar eficientemente a éste tipo de microorganismos. En éste sentido, en el Instituto de Ciencias Agrícolas de la Universidad Autónoma de Baja California, se pretendió impulsar esta línea de investigación tomando como referencia los resultados obtenidos en un estudio de laboratorio relacionado con: efecto térmico, humedad relativa y medios de cultivo adecuados, a fin de determinar la capacidad germinativa y el índice de infección de los géneros evaluados sobre la mosquita blanca (Ceceña, 1996). Con el propósito de esclarecer la factibilidad del empleo de entomopatógenos observando su impacto sobre el mejoramiento del ecosistema actual, se pretende incorporar esta alternativa de control en el manejo integrado de la mosca blanca, seria limitante en la producción de fibra; procediéndose a establecer en este estudio, el siguiente objetivo: Determinar la eficacia de dos géneros de entomopatógenos, evaluando dos momentos de aplicación, para el control de mosca blanca en el cultivo del algodonero, en las condiciones de medio ambiente del Valle de Mexicali, Baja California.

Capítulo 2

OBJETIVO

El objetivo del presente trabajo fue:

Determinar la efectividad biológica de los Géneros de Entomopatógenos *Verticillium sp y Paecilomyces sp.* en aplicaciones sobre mosca blanca en el cultivo del algodonero, en las condiciones de medio ambiente del Valle de Mexicali, B.C.

Capítulo 3

HIPÓTESIS

Las hipótesis que se plantearon en este trabajo fueron:

Ho: No se obtendrá control alguno al aplicar entomopatógenos contra la mosca blanca, en algodonero, en las condiciones ambientales del Valle de Mexicali, Baja California.

Ha: Al menos uno de los géneros de entomopatógenos tendrá efecto sobre las poblaciones de mosca blanca, en el cultivo del algodonero, en las condiciones ambientales del Valle de Mexicali, Baja California.

Capítulo 4

REVISIÓN DE LITERATURA

4.1. Aspectos generales de la mosca blanca

La mosca blanca es un insecto muy agresivo que ha provocado grandes pérdidas en los cultivos agrícolas por lo que es necesario abordar aspectos relacionados con sus hábitos y efectos, para definir estrategias que tiendan a abatir su impacto.

4.1.1. Daños ocasionados por mosca blanca

La conducta observada por la mosquita blanca afecta notoriamente el rendimiento y calidad del algodón, ya que al alimentarse de la savia transmite virus infecciosos como el mosaico común en frijol (MCF), la secreción de mielecilla que propicia la fumagina (crecimiento de varios hongos saprófitos como *Capnodium, Cladosporium,* principalmente), que cubre las hojas e interfiere con la fotosíntesis. En algodón, causa problemas por la contaminación de las flores por la mielecilla y fumagina provocando una baja en la calidad de la fibra (Perring, et al., 1991; citado por Duarte, 1992).

En el valle de Mexicali en el cultivo del melón, se han presentado daños económicos muy importantes, en el orden de los 27,500 millones de pesos. En los

Estados Unidos, sobre todo en California y Arizona, los costos sobrepasan los 90 millones de dólares (León et al., 1993).

4.1.2. Clasificación taxonómica de la mosca blanca

La mosquita blanca pertenece al orden de los homópteros, por lo que desciende de la familia *Aleyrodidae,* encontrándose aquí el grupo de los géneros más destructivos, como la *Bemisia tabaci* (Quaintance, et al., 1914). Para diferenciar géneros de mosquita blanca, sobre todo el biotipo "poinsettia" en algodón dentro de la especie *Bemisia tabaci*, se han utilizado análisis electroforéticos de isoenzimas marcadoras de esterasas con las membranas de celulosas-acetato de alta sensibilidad (Brown, 1992).

La clasificación taxonómica del insecto considera los niveles descritos en la Tabla 1.

Nivel Taxonómico	Descriptor correspondiente
Reino:	Animal
Phylum:	Artrópodo
Clase:	Insecto
Orden:	Homóptera
Familia:	*Aleyrodidae*
Subfamilia:	*Leyrodidae*
Género:	*Bemisia*
Especie:	*Argentifolii*

Tabla 1. Clasificación taxonómica de la mosca blanca.

4.1.3. Situación de la mosca blanca en la región

Gerling (1967), reporta que la mosquita blanca se localiza solo en el estado de California, aunque se sabe que desde 1991, se ha ubicado causando fuertes daños en los Estados de Arizona Estados Unidos, y en México, en los Estados de Sonora y

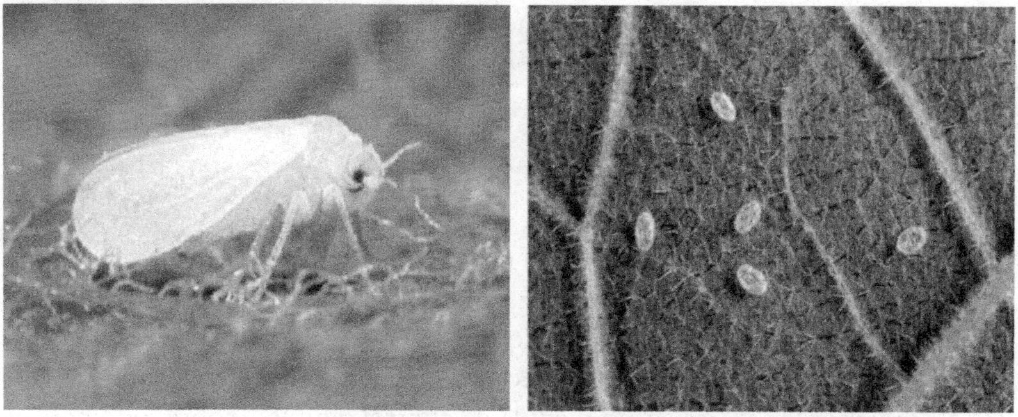

Figura 1. Adulto de mosca blanca (Izquierda), y sobre el envés, se observan cinco ninfas (Estado inmaduro), distribuidas entre las nervaduras de la hoja.

Baja California principalmente. Se ha observado que estos homópteros son muy dañinos en muchos cultivos, sobre todo en las cucurbitáceas, algodón, tomate, frijol y melón principalmente en el ciclo primavera-verano 1991. Gruenhaghen (1993), menciona que la mosquita blanca inició su invernación en los campos de crucíferas en el Estado de Arizona y en el Valle Imperial de California, pasando así a los cultivos de algodón, causando fuertes pérdidas a los productores, estimándose que en el Valle Imperial, California, fueron de 129.7 millones de dólares en: algodón, alfalfa, melón, sandía y tomate (González, 1992).

Los cultivos que fueron dañados en el Valle de Mexicali, en el ciclo primavera-verano de 1992 fueron algodón, ajonjolí, melón, sandía, calabacita y alfalfa, siendo el principal afectado el cultivo de melón con el 100% de pérdidas. Así mismo, la Universidad Autónoma de Baja California a través del Instituto de Ciencias Agrícolas, ha realizado estudios para el control de la mosquita blanca con la utilización de variedades tolerantes y fechas de siembra (Méndez, 1993), y la aplicación de insecticidas (Machain, 1993), conformándose así un paquete tecnológico para combatir la mosca blanca con eficiencia.

4.2. Métodos de control de insectos

El control integrado de plagas se basa en el uso de una combinación de prácticas culturales, químicas, físicas y biológicas para disminuir los daños causados por estos organismos en las especies cultivadas (Watson et al., 1976, citado por Ruíz y Aquino, 1996).

4.2.1. Control cultural

El control cultural es un método de los más antiguos, efectivo y sobre todo muy redituable, ya que es a base de la utilización de implementos agrícolas ya sean manuales o mecánicos, incluyendo todo tipo de maquinaria; la mayoría de ellas radica su efectividad cuando se establecen de manera preventiva. En la actualidad el agricultor los asocia como medida de control químico, sobre todo para el control de malas hierbas y plagas en general. Para el caso exclusivo en el control de insectos, es necesario el conocimiento pleno de la vida del insecto para asegurarse de realizar las labores de cultivo en el momento más oportuno, como en el caso de controlar la gallina ciega en una época diferente a la primavera-verano, por que el insecto se encuentra por debajo de los 30 cm. de profundidad, por lo que en este caso, es necesario una práctica más profunda y sobre todo, el costo es mucho más alto.

4.2.1.1. Destrucción de hierbas y residuos de cosecha

Esta práctica ha sido de gran importancia, ya que con ella se combate el insecto por destrucción de sus hospederos. En algunas áreas, este tipo de práctica se ha hecho obligatoria para los agricultores por parte de la dirección de Sanidad Vegetal. La destrucción de malas hierbas, sobre todo las que se encuentran cerca de los cultivos es de vital importancia. Durante el invierno muchos de los insectos se esconden debajo de basura, hojas caídas o de cualquier vegetación muerta existente. La labranza completa durante el invierno reduce la población de insectos (Metcalf y Flint, 1998).

4.2.1.2. Otras medidas para el control de insectos

La variación de la época de siembra, sobre todo en épocas de verano, tiende a reducir el ataque de algunos insectos, evitando el período de oviposición de una plaga en particular. El uso de variedades tolerantes para controlar a la mosquita blanca, ha resultado de gran importancia sobre todo en la preferencia del insecto a las plantas para ovipositar, alimentarse y refugiarse. La labranza o barbecho es muy importante para la reducción de poblaciones de mosquita blanca, también el uso de semilla certificada, la preparación de la cama de siembra, los riegos, el aclareo en el momento oportuno, son prácticas que conducen a un buen desarrollo de la planta para que pueda resistir y continuar su desarrollo normal (Metcalf y Flint, 1998).

4.2.1.3. Medidas culturales aplicadas en la región

En el caso exclusivo del algodonero, los barbechos y desvares a fines de noviembre, para evitar que la planta anterior sirva de hospedero para la mosquita blanca (Folleto Técnico, U.A.B.C., 1995). La limpieza de canales, drenes y caminos es una práctica muy común para la eliminación de malas hierbas, que además de competir con el cultivo por luz, agua y nutrientes sirven de hospederos para la mosquita blanca. La siembra temprana puede ser un camino efectivo para la reducción de mosquita blanca por que la planta madura antes de que las condiciones sean favorables para el insecto (Natwick, et al., 1993). Otra de las prácticas que ha dado resultados es la defoliación temprana sin afectar la calidad de la fibra, aplicándose cuando la planta tenga de 60 a 70% de capullo y la mayoría de las bellotas maduras (Folleto Técnico, U.A.B.C., 1995 y Medina, 1993).

4.2.2. Control químico

En este tipo de control quedan incluidas todas aquellas actividades, operaciones o labores de carácter preventivo o curativo cuya actividad depende exclusivamente de la acción química de las sustancias empleadas.

4.2.2.1. Inconvenientes al usar productos químicos

Dentro de los productos químicos existen varios tipos, todos ellos muy utilizados en agricultura, tanto para combatir plagas, enfermedades, malas hierbas, etc. La contaminación del medio ambiente es un problema por la utilización de estos productos químicos que dejan unas substancias químicas residuales que suelen ser tóxicas. Tras el uso prolongado de los productos químicos se producen resistencias en las plagas, las cuales es difícil de eliminarlas con un producto químico o con otros que tengan la misma materia activa. Estos productos afectan al desarrollo vegetativo de la planta, tanto su crecimiento como su porte que se aprecia dañado. Perjudican la salud humana de una forma directa, ya que estos productos crean unas substancias residuales que quedan en los frutos y se transforman en el organismo cuando es ingerido ese alimento. También perjudica la salud cuando se efectúan las curas directas, puesto que los productos químicos penetran en la ropa o por el contacto directo con la piel y por el gas que desprenden algunos de ellos, afectan también al aparato respiratorio. Contaminan las aguas naturales debido a lluvias o riegos que arrastran estos productos a los ríos, lagos, aguas subterráneas y mares contaminándolos (Jiménez, 1999). Los insecticidas han sido utilizados en el control de insectos causando efectos secundarios indeseables y resistencia inducida. El uso indiscriminado de estos productos ha ocasionado la contaminación del agua y suelo, daños a la salud y la eliminación de insectos parasitoides y depredadores (Ruíz y Aquino, 1996).

4.2.3. Control biológico

Se define como control biológico a una serie de restricciones hechas a un organismo perjudicial o a sus efectos, sean aquellas naturales o inducidas, directas o indirectas, causadas por otro organismo o grupo de organismos. En los últimos años el uso indiscriminado de pesticidas ha provocado un desequilibrio biológico de diferentes hábitats, y de ello surgió la alternativa de la utilización del control biológico como opción, después del éxito que se obtuvo en el control de insectos. Cepeda y Gallegos (1995), encontraron que el producto Biostat (*Paecilomyces lilacinus*), reaccionó de manera significativa en comparación con Mocap (Etoprofos) en el cultivo de papa, obteniendo buenos rendimientos en kg/tratamiento así como el número de tubérculos a la cosecha. Así mismo, Cepeda et al., (1993), encontraron resultados favorables en la aplicación del mismo producto en contra de *Meloidogyne*. Pero la eficiencia de los depredadores fungosos y parásitos tal vez está limitada por su falta de movilidad, su inhabilidad para buscar presas o huéspedes, y por sus bajas densidades de población. En la confinada comunidad biótica del suelo, la producción de grandes cantidades de esporas movibles que puedan diseminarse en películas de agua-suelo, podría ser una característica deseable de un agente biológico de control.

4.2.3.1. Estrategias en el control biológico de la mosca blanca

Para el control del insecto se habla de factores bióticos y abióticos; sobre la relación plaga-factores bióticos, que actúan sobre una población de otro organismo sin ocasionar daño. Entre las estrategias, se puede mencionar el control biológico clásico, dónde se realiza una exploración de entomófagos del insecto problema, este regularmente en su hábitat no es plaga grave. Este tipo de control biológico ha sido practicado desde sus inicios para plagas nativas. El primer éxito rotundo fue el de la cochinilla algodonosa de los cítricos, fue controlada por la catarinita *Rodollia cardinal* traída de Australia en 1988. En México fue el caso de la mosca prieta de los cítricos, *Aleuro canthus woglumi* con la introducción de avispas del género *Prospaltelia spp Admitas sp.* (SARH, 1993). Los organismos benéficos son sometidos a procesos cuarentenarios que implica la cría y mantenimiento de las poblaciones. Se requiere por lo menos dos generaciones para la eliminación de especies inestables como hiperparásitos o patógenos. En esta etapa se deben realizar estudios de perfiles hidrotérmicos, tasa de fecundidad, longevidad, requerimientos, cromáticas del adulto y detección de posibles factores bióticos. Después de esto se liberan en los lugares problemas y se evalúa la especie. El control biológico es el empleo de otros insectos depredadores y parásitos para combatir las plagas, de manera tal que, así se evita o reduce el empleo de plaguicidas que dejan residuos tóxicos en los frutos y plantas y son puros venenos para la salud humana.

4.2.3.2. Consideraciones para el uso del control biológico

Cuando se pretende llevar a cabo el control biológico de plagas en un cultivo determinado debe de iniciarse el proceso mediante estudios ecológicos experimentales para determinar las características de las plagas de ese cultivo y así poderlas clasificar en plagas reales o plagas inducidas. Las plagas reales son las que carecen de enemigos naturales efectivos, mientras que las inducidas tienen depredadores eficaces, pero estos no pueden actuar debidamente por diversos factores. Se pretende llevar a cabo el control biológico de plagas reales hay que recurrir al control biológico clásico por importación. Si el problema es de plagas inducidas el procedimiento a seguir es la conservación, y si esta falla, el incremento de los enemigos naturales (García, 1994).

4.2.3.3. Enemigos naturales de la mosca blanca

Entre los enemigos naturales de los insectos podemos mencionar a: insectos predadores y parásitos, vertebrados predadores, nematodos parásitos, protozoarios que ocasionan enfermedades, hongos parásitos, enfermedades bacterianas y enfermedades ocasionadas por virus. Existen gran número de especies de estos insectos, pero la mayoría de los investigadores se han concentrado sobre *Encarsia formosa, E lutea y Eretmolerus mundus* (Gerling, 1986).

4.2.3.4. Situación actual del control biológico

Investigaciones realizadas respecto al control biológico, han encontrado que existen organismos que pueden tener control sobre poblaciones de mosca blanca. Existen algunos parasitoides como *Chrysoperla carnea,C. rufilabris y Delphastus pucillatus.* Personal del I.N.I.F.A.P. y Sanidad Vegetal realizaron un trabajo de manejo de la mosca blanca y fortalecimiento de la crisopa *(Chrysoperla carnea*). En el centro de la parcela redujeron en un 40% la población de la mosquita blanca e incrementaron la producción un 0.7 pacas/ha. Respecto al tratamiento convencional con aplicaciones de insecticidas (León, et al., 1993). Así mismo, realizaron liberaciones de *Delphastus pucillatus* en diferentes sitios del Valle Imperial y cuatro sitios en Mexicali, B.C., encontrándose un 80% de parasitismo en los huevecillos y cuatro tipos de la mosca blanca en el Valle Imperial y dos de los sitios de liberación en Mexicali (Roltsch, 1993). Con respecto a los parasitoides *Encarsia y Eretmocerus* parece ser que la especie que mejor funciona en la región es *Eretmocerus californicus*, llegando a tener un parasitismo en mosquita blanca de un 36%: sin embargo, en poblaciones altas el parasitoide no es capaz de controlarla, además de que el costo para producir los parásitos resulta alto (Minkenberg, 1993).

4.2.3.5. Ventajas y desventajas del control biológico

La ventaja de la incorporación del control biológico, es un medio de lucha integrada respetando el medio ambiente, debido a que no se emplean insecticidas, lo que da más seguridad al evitar estos productos tóxicos para la salud humana. El método de control biológico impide las poblaciones de parásitos en las plantaciones agrícolas y por consiguiente la pérdida de altos niveles de producción. El uso de productos biológicos ya viene ajustado al tipo de parásito y llegan a matar una amplia gama de insectos y no producen daño a la fauna benéfica. El inconveniente en el control biológico es que requiere mucha paciencia entretenimiento y un mayor estudio biológico. Muchos enemigos naturales son susceptibles a pesticidas por lo que su manejo debe de ser cuidadoso. Los resultados del control biológico a veces no son tan rápidos como se espera, ya que los enemigos naturales atacan a unos tipos específicos de insecto, contrario a los insecticidas que matan una amplia gama de insectos. El control biológico además de ser una alternativa para disminuir el efecto de esta plaga, así como los niveles de contaminación del medio ambiente, presenta las ventajas: eficiencia en el control biológico de plagas exóticas, abatimiento de costos para el productor agrícola, no contaminante de los productos agrícolas y de fácil aplicación sin riesgos para salud humana (Jiménez, 1999).

4.2.3.6. Panorama actual del control biológico en México

En México el empleo de insectos benéficos para el control de plagas, se inició cuando los productores de algodón buscaban el control del picudo con el empleo de hormigas depredadoras que fueron importadas de Guatemala y del estado mexicano de Oaxaca. Al aire libre, uno de los controles biológicos mejor conocidos en México es el *Bacillus thuringiensis,* una bacteria que cuenta con varias razas con aplicaciones específicas. Se emplea frecuentemente en horticultura ecológica como un insecticida microbiano selectivo que combate numerosas plagas de lepidópteros, como la oruga de la col, con la ventaja de no afectar significativamente a otros insectos, a diferencia de lo que ocurre con los plaguicidas de origen natural como la rotenona y el pelitre. Sin embargo, los productos disponibles comercialmente que contienen *Bacillus thuringiensis* no son efectivos contra todas las plagas de lepidópteros, como por ejemplo plagas nocturnas de la col. Se están desarrollando nuevos aislados y con el tiempo se podrá disponer de productos comerciales más eficientes, como ya ocurre con una raza *Tenebrionis,* eficaz contra el escarabajo de la patata. El uso generalizado del *Bacillus thuringiensis* puede crear problemas en el futuro, producto del desarrollo de orugas resistentes. Otro posible motivo de preocupación son los actuales intentos, mediante la ingeniería genética, de aislar de la bacteria el gen productor de la toxina e incorporarlo directamente al tejido vegetal de cultivos como patatas o coles. Tal como se emplea actualmente, las orugas afectadas no son consumidas, pero si se incorpora genéticamente a un cultivo se ingerirán cantidades considerables de la toxina, y se desconoce el efecto que ello puede tener sobre los seres humanos. Machain et al., (2000), clasifican a este tipo de control de dos formas: control biológico natural, en el que actúan los enemigos naturales nativos de un determinado lugar sobre las plagas de insectos y control biológico artificial aplicado o inducido, basado principalmente en la utilización de enemigos naturales para el control de plagas. Dentro de esta última clasificación se incluyen los entomopatógenos, microorganismos que ocasionan la muerte de los insectos mediante la infección inducida por la germinación de las esporas en ellos.

4.3. Descripción general de los hongos entomopatógenos

Los hongos son organismos heterótrofos quimiorganótrofos, que requieren de materia orgánica preformada) y utilizan una fuente de energía para sintetizar estructuras celulares. Como tienen una pared celular rígida, no pueden realizar fagocitocis; por lo tanto, absorben los nutrientes solubles simples que han obtenido al degradar polímeros, mediante enzimas extracelulares (despolimerasas) que liberan al medio. Son eucariotes con células que presentan núcleos y organelos rodeados por una membrana, contienen ribosomas del tipo 80s y su pared contiene quitina; su reproducción puede ser sexual o asexual teniendo como productos finales esporas o conidios, respectivamente. Crecen como levaduras o a través de hifas con crecimiento apical (Deacon, 1988).

A continuación se mencionan algunas características asociadas a géneros de entomopatógenos de empleo común:

1. *Beauveria bassiana*: Este hongo se caracteriza por presentar una estructura somática, septada de sus hifas; se multiplica por esporas asexuales libres llamadas conidiosporas o conidias, formadas a partir de conidióforos en forma de botella (fiálides). Las conidias son esféricas, miden 2.5 μ de diámetro, de color blanco cremosos (Ferron, 1985; Mac Leod, 1954).

2. *Metarryzium anisopliae:* Este hongo produce conidias cilíndricas de color verde; usualmente truncados en ambos extremos. Tulloch en 1976, propone dos especimenes: M. *Anisopliae* var. *Anisopliae o minor*, que presenta conidias cortas (3.5-9.0 μ de largo, normalmente 5.0-8.0 μ) y *M. Aniso-*

pliae var. Major, que presenta conidios con dimensiones de 9.0-18.0 μ de largo, normalmente de 10-14 μ; también, existen otras especies como lo son M. cylindrosporae, M. quizhovense, M. album y M. pirqshaense (Zimmermann, 1993).

3. *Nomuraea rileyi* (Farlow) Samson: produce conidias verdes, de forma que va de elipsoidial a cilíndrica, con un tamaño comprendido entre 3.5-4.5 μ por 2-3 μ; se forma en cadena de conidióforos ramificados con forma de botella (Ignoffo, 1981).

4. *Paecilomyces fumosoroseus* (Wize) Brown y Smith: Las esporas de este género presenta conidióforos agrupados en estructuras ramificadas llamados sinemas. Las fiálides son engrosados en la base y terminando en un cuello largo en forma de botella. Las especies de *Paecilomyces* se agrupan en dos secciones: La sección *Paecilomyces* forma colonias de color amarillento a rosa pardusco, con un olor característico y presentan estado ascal. La sección *Isarioidea* forma colonias blancas o de colores brillantes, no poseen estado ascal. La especie *P. fumosoroseus* forma colonias con tonalidades rosadas, conidias fusiformes a cilíndricas de 3-4 × 1-2 μ. Las esporas *P. javanicus* forman colonias de color blanco a cremoso; conidias fusiformes y a veces cilíndricas de 4.6 × 1.5 μ (Onions, 1979; Zimmermann, 1980).

4.4. Clasificación taxonómica de los hongos entomopatógenos

La clasificación taxonómica de los hongos entomopatógenos es un área de mucho dinamismo, ya que para lograr su ubicación se requiere considerar entre otros parámetros: el hospedero de donde se aisló el microorganismo, el hábitat del hospedero, las condiciones ambientales, entre otros. Además, con apoyo del microscopio electrónico se efectúan estudios ultra estructurales, complementados con análisis bioquímicos y biogenéticas, que permiten una precisa descripción (Maniania, 1991). La clasificación taxonómica de los géneros de entomopatógenos en estudio se describe en la Tabla 2.

Se conocen aproximadamente 100 géneros y 700 especies de hongos entomopatógenos. Entre los más importantes están: *Metarhizium, Beauveria, Aschersonia, Entomophthora, Zoophthora, Erynia, Eryniopsis, Akanthomyces, Fusarium, Hirsutella, Hymenostilbe, Verticillium y Paecilomyces*. (Monzón, 2001).

Nivel Taxonómico	Descriptor correspondiente
Reino:	Fungi
División:	Eumycota
Subdivisión:	Ascomycotina
Clase:	Pyrenomycetes
Familia:	Ascomycetos
Género:	*Verticillim sp. (F.A.)* *Paecilomyces sp. (F.A.)*

Tabla 2. Clasificación taxonómica de los hongos entomopatógenos.

4.5. Aislamiento y patogenicidad de hongos entomopatógenos

El aislamiento es un proceso previo para la caracterización del poder germinativo, crecimiento, esporulación, inocuidad y especificidad para conocer la virulencia de los géneros. La virulencia de los hongos entomopatógenos esta relacionada con el grado de especificidad y capacidad de exterminio que presenta hacia un insecto específico en condiciones controladas y cualquier factor que se encuentre asociado con sus hábitos; su biología y el medio ambiente están involucrados con el proceso de infección, durante la etapa de germinación, desarrollo y esporulación, así como, con la capacidad para sintetizar enzimas o toxinas, por lo que de ello depende su virulencia.

Para conocer la virulencia de estos hongos con miras a seleccionar un agente de control biológico se efectúa el procedimiento siguiente:

1. Se determina la virulencia de una especie de hongo o especies de hongos o aislados diferentes de una misma especie de hongo a una sola concentración sobre insectos de una misma edad. Estos ensayos biológicos se realizan contaminando al insecto con biomaterial y se determina la sensibilidad a diferentes especies de insectos.

2. Seleccionar el aislamiento más abundante para cuantificar la virulencia en base a concentraciones letales del 50% (CL50), que es la concentración capaz de matar al 50% de la población de insectos.

3. Este estudio se complementa determinando el potencial del inóculo (porcentaje de germinación).

4. El patógeno aislado, debe conservar sus atributos y que pueda competir en condiciones de campo (Maniania, 1991).

4.6. Mecanismo de acción de los hongos entomopatógenos

Los patógenos pertenecientes a la división *Deuteromycotina* y a los géneros *Beauveria, Metarhizium, Verticillium* y el hongo *Aschersonia,* entre otros, tienen hospederos amplios que en condiciones apropiadas para su acción, pueden causar epidemias en los insectos (Ferron, 1978); requieren de una humedad relativa alta (de 100% o cerca de este valor) sólo en la etapa de germinación cubre la cutícula, para que estos puedan penetrar. Existen dos formas naturales de penetración en el hospedero:

4.6.1. Acción física

Cuando el propágulo de la infección (conidia) se adhiere a la cutícula del insecto o superficie del tegumento; luego forma en la extremidad del tubo germinativo un disco adhesivo de apariencia viscosa y un ápice de penetración (apresorio) que va a penetrar al insecto (Farques, 1983, Ferron, 1975).

4.6.2. Acción química o enzimática

Los hongos sintetizan proteasas, lipasas, amilasas y quitinasas, que degradan la cutícula facilitando la penetración en el interior del insecto (Retault y Vey, 1966; Vey et al., 1982). Una vez que los hongos logran alcanzar el hemocele, éstos producen toxinas que son ciclodepsipéptidos, compuestos tóxicos como beauvericina, bassianólidos, beauverólidos, destruxinas y citocalacinas, los cuales tienen una toxicidad de baja a moderada contra los diversos insectos. El hongo *M. Anisopliae* produce 18 destruxinas diferentes y una citoalcalina, cuyo efecto en la hemolinfa de los insectos es la reducción del movimiento de los componentes de la hemolinfa, lo que impide la rápida formación de granulocitos y permite la multiplicación del hongo dentro del hemocele (en el caso de las destruxinas);

además, causa parálisis al insecto, como en el caso de las citoalcalinas. Lacely (*et. al.*, 1990). El ciclo de la enfermedad se completa cuando, en condiciones apropiadas de humedad, pueden producir sobre el cuerpo del insecto muerto, conidias o clamidosporas dentro del insecto y así poder dispersarse a otros nuevos insectos hospederos (Deacon, 1988).

4.7. Empleo de entomopatógenos en el control de plagas

Existen varios tipos de organismos entomopatógenos, tales como virus, hongos, bacterias y nematodos. Actualmente, se han identificado y estudiado diversas especies de hongos que afectan plagas de cultivos de importancia económica; muchos de ellos son utilizados exitosamente en programas de control biológico. Algunos de estos entomopatógenos son reproducidos masivamente para venderse comercialmente. Estos hongos se encuentran en la naturaleza, en rastrojos de cultivos, estiércol, en el suelo, las plantas, etc. Logran un buen desarrollo en lugares frescos, húmedos y con escasa radiación solar. Los hongos entomopatógenos constituyen el grupo de mayor importancia en el control biológico de insectos plagas. Prácticamente, todos los insectos son susceptibles a algunas de las enfermedades causadas por estos hongos. El entomopatógeno *Bauveria bassiana* es un hongo que causa una enfermedad conocida como muscadin blanco en insectos. Cuando las esporas de este hongo entran en contacto con la cutícula de insectos susceptibles germinan y crecen directamente a través de ella hacia el interior del cuerpo de su hospedero. Aquí el hongo prolifera a través del cuerpo del insecto produciendo toxinas y consumiendo los nutrientes del insecto, destruyéndolo eventualmente. El hongo *Bauveria bassiana,* se encuentra en forma natural en el suelo y su distribución es mundial, ha sido usado para control de insectos del suelo: sin embargo algunos pueden tener una tolerancia natural a este patógeno, lo cual no ocurre en muchas plagas foliares. De aquí que el desarrollo comercial de este hongo para el control biológico ha sido principalmente dirigido contra plagas que se alimentan del follaje. Este hongo se distribuye comercialmente en los productos Mycotrol, Naturalis y Botanigard, (Moschetti, 1999). Cuatro hongos entomopatógenos *Beauveria bassiana, Paecilomyces farinosus, Paecilomyces fumosoroseaus y Metarryzium anisopliae,* fueron aislados en la larva G. mellonella. (Tkaczuk, et al., 2000). La patogenicidad de *Bacillus thuringiensis* a la larva *Lutzomia longipalpis* fue determinada en laboratorio a una temperatura de 25°C y 90% de humedad relativa (Wermelinger, et al., 2000). En los ensayos efectuados probando la efectividad de *Beauveria brongniartii y Beauveria bassiana* para el control de gusano blanco en papa, se puede concluir que las aplicaciones líquidas de los aislamientos Bbr-Perú y Bbr-Cab tuvieron una mejor respuesta en el control del insecto plaga (Fernández y Colmenares, 1996). Samaliev, et al., 2000), realizaron dos experimentos en laboratorio para evaluar la influencia de la bacteria simbiótica, *Pseudomonas oryzihabitans* del nematodo entomopatógeno *S. abbasi*. Gómez et al., (2011), reportaron la clonación y recombinación de Cry3Aa del *B. thuringiensis* var. San Diego y se demuestra la toxicidad del Cry3Aa al gorgojo de la papa. Tres adultos del gorgojo de la raíz del clavo fueron infectados con el hongo entomopatógeno *B. bassiana*, los que resultaron patogénicos al adulto y larva del gorgojo con 100% de mortalidad entre dos y cuatro semanas de inoculación. Willoughby, et al., (1998), detectaron la presencia de nemátodos entomopatógenos en Aragua y Miranda y se evaluó su uso potencial como agente de control biológico del gorgojo negro del plátano *Cosmopolites sordidus*. Cincuenta razas de hongos entomopatógenos *B. bassiana* y *M. anisopliae* fueron probadas contra la termita *Cornitermes cumulans*. determinándose que *M. anisopliae* 1037 fue la de mayor virulencia (Neves y Alves, 2000).

Capítulo 5

MATERIALES Y MÉTODOS

5.1. Localización del área de estudio para el establecimiento de la fase experimental

Esta investigación se realizó en el Valle de Mexicali, Baja California, el cual se ubica al noroeste de la República Mexicana. Está localizado entre los 114° 45' y 115° 40' de longitud oeste del meridiano de Greenwich y entre los paralelos 31° 50' y 32° 40' de latitud norte (ver Figura 2).

5.2. Condiciones climáticas de la zona de estudio

El clima en la región se define como desértico-cálido, extremoso en demasía y régimen de lluvias en invierno. La temperatura media anual es de 22.3° C, la máxima absoluta de 51.5° C y la mínima extrema de –6° C. Los meses más calurosos en que se registran las máximas temperaturas son junio, Julio, agosto y septiembre. La precipitación media anual es de 58 mm, y el número de días de lluvia es de 3, mientras que los días de lluvia inapreciable promedio son 11. La evaporación potencial es extremadamente elevada, varía en el año desde 49.6 mm en el mes de diciembre hasta 294.5 mm en el mes de julio. La evaporación potencial anual es de 2340 mm aproximadamente (Medina. 1995).

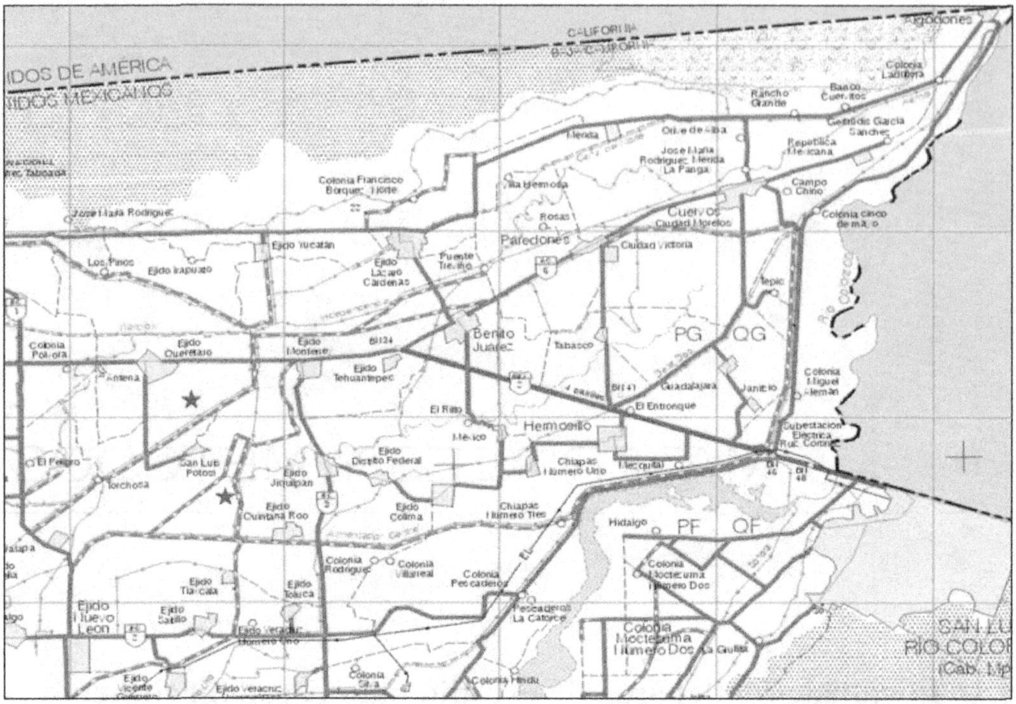

Figura 2. Localización de los sitios experimentales: arriba, la Colonia Pólvora, el predio del primer ciclo agrícola y abajo, el Ejido Jalapa, el segundo ciclo agrícola, en el Valle de Mexicali, Baja California.

5.3. Caracterización de los suelos del área de estudio

Los suelos de la región tienen como material parental los depósitos del Rió Colorado. Estos depósitos se encuentran muy estratificados, la mayor parte de estos materiales son detritos de rocas, mezclados y transportados desde el área del Cañón del Colorado. La variación de los suelos se debe principalmente a las diferencias de textura, causadas por la forma y secuencia de deposición del material aluvial. Las variaciones de textura son pronunciadas tanto vertical como horizontalmente.

5.4. Definición de géneros de entomopatógenos utilizados en el estudio

La realización del presente estudio tiene como precedente un experimento de laboratorio en el cual se determinó la efectividad de varias cepas de entomopatogenos las que fueron evaluadas bajo condiciones de laboratorio, incluyendo principalmente: Rango óptimo de temperatura (°F), Rango óptimo de humedad relativa (%) y requerimientos nutricionales para inducir germinación, crecimiento micelial y reproducción. Tanto *Verticillium sp.* como *Paecilomyces sp.*, mostraron mejor respuesta a las pruebas realizadas, resultando los géneros seleccionados; se multiplicaron hasta obtener una concentración de 1×10^8 conidios por ml, en la cantidad requerida para la fase experimental.

5.5. Establecimiento de la fase experimental en la Colonia Pólvora, B.C.

En el experimento se utilizó la variedad Delta Pine-20, localizándose en una superficie de 1000 m^2 en el lote 126 de la Colonia Pólvora, en una siembra del mes de marzo de 2005. El diseño empleado fue un bloque al azar con 4 repeticiones en unidades experimentales de 5 m de ancho por 6 de longitud, considerando los tratamientos que se describen en la Tabla 3.

Tratamientos	Especificaciones	Literal
1. Paecilomyces (A.M.)	Aplicación durante la mañana	A
2. Paecilomyces (A.V.)	Aplicación durante la tarde	B
3. Verticillium (A.M.)	Aplicación durante la mañana	C
4. Verticillium (A.M.)	Aplicación durante la tarde	D
5. Tratamiento Químico	Herald. + Hostation	E
6. Tratamiento absoluto	Se aplicó únicamente agua	F

Tabla 3. Tratamientos considerados en el control biológico de mosca blanca utilizando entomopatógenos, en algodón. Colonia Pólvora, B.C.

5.6. Definición de las variables agronómicas en la fase experimental, en Colonia Pólvora, B.C.

Se efectuaron seis aplicaciones espaciadas semanalmente, iniciándose desde el momento en que se detectaron 2 adultos de mosca blanca por hoja, utilizando para tal fin una mochila manual de 15.0 L de capacidad, adicionando Tween 80 como agente dispersante.

Se etiquetaron 40 plantas por tratamiento para tomar registro de las variables agronómicas definidas en el experimento (Tabla 4).

Variable agronómica	Unidades de medida
1. Rendimiento	Pacas por ha
2. Altura de planta	Cm
3. Dinámica poblacional de adultos	Total por hoja
4. Dinámica poblacional de ninfas	Total en 2.25 cm^2
5. Población registrada de huevecillos	Total en 2.25 cm^2

Tabla 4. Variables agronómicas en el cultivo del algodonero con el uso de entomopatógenos para el control de mosca blanca, en Colonia Pólvora, B.C.

5.7. Establecimiento de la fase experimental en el Ejido Jalapa, B.C.

La metodología utilizada en la investigación consideró una siembra con la variedad Sure Grow 125 durante el mes de marzo de 2006, en un predio de aproximadamente 1000 m^2 en el Ejido Jalapa, estableciéndose bajo un diseño en bloque al azar, considerando parcelas de 5 m de ancho por 6 m de longitud. Los tratamientos evaluados se describen en la Tabla 5.

5.8. Definición de las variables agronómicas en el Ejido Jalapa, B.C.

El criterio utilizado para el inicio de las aplicaciones así como las especificaciones empleadas en el establecimiento de la fase experimental correspondiente, se basó en lo desarrollado en el ciclo agrícola anterior, quedando las variables agronómicas como se describen en la Tabla 6.

Tratamientos	Especificaciones	Literal
1. Tratamiento químico	Herald + Hostation	A
2. Tratamiento químico + entomopatógenos	Herald + Hostation Concentración de 1×10^8	B
3. *Verticillium sp.* (1×10^8)	Aplicación en la tarde	C
4. *Paecilomyces sp.* (1×10^8)	Aplicación en la tarde	D
5. Testigo absoluto	Se utilizó solo agua	E

Tabla 5. Tratamientos utilizados en el control de mosca blanca, en algodón en el Ejido Jalapa, B.C.

Variable agronómica	Unidades de medida
1. Rendimiento	Pacas por ha
2. Altura de planta	Cm
3. Dinámica poblacional de adultos	Total por hoja
4. Dinámica poblacional de ninfas	Total en 2.25 cm^2
5. Presencia de fumagina	Porcentaje

Tabla 6. Variables agronómicas en el cultivo del algodonero con el uso de entomopatógenos para el control de mosca blanca, en el Ejido Jalapa, B.C.

5.9. Análisis e interpretación estadística

Las variables propuestas en la investigación se sometieron al desarrollo del modelo correspondiente, las fueron sometidas a un diseño completamente al azar (D. C. A.) de acuerdo a la naturaleza del estudio. Así mismo se realizó análisis de varianza (ANVA), aplicando la prueba de comparación Tukey al 0.05 (Steell y Torne, 1998), en apego al siguiente modelo:

$$Y\hat{ij} = y + \alpha\hat{i} + \sum\hat{ij} + \partial\hat{ij}$$

Dónde:

$Y\hat{\imath}j$ = Variable de respuesta del $\hat{\imath}$-ésimo género en el j-ésimo cuadrante.
y = Media poblacional.
$\alpha\hat{\imath}$ = Efecto del $\hat{\imath}$-ésimo género.
αj = Efecto del j-ésimo cuadrante.
$\partial\hat{\imath}j$ = Error experimental.

Capítulo 6

RESULTADOS Y DISCUSIÓN

Los estudios de factores ambientales, han demostrado una amplia influencia sobre la conducta de microorganismos, lo que se refleja en los resultados observados en el presente experimento.

6.1. Respuesta de la variable rendimiento en el cultivo de algodón, obtenido en la Colonia Pólvora, B.C.

En forma general, el análisis estadístico (Tukey, 0.05) visto en el Cuadro 1, indicó que el máximo potencial de rendimiento para el cultivo del algodonero, fue obtenido con el tratamiento químico (Herald 0.5 lt/ha + Hostathion 1.5 lt/ha), con 5.2963 pacas por hectárea; sin embargo, tan solo la diferencia de 0.2593 pacas por hectárea sobre el tratamiento en donde se utilizó *Verticillium* sp. en aplicaciones vespertinas, lográndose 5.0370 pacas/ha. Prácticamente con el mismo efecto se observaron: *Verticillium* Matutino, con 4.8889 pacas/ha así como los tratamiento de *Paecilomyces* Vespertino y Matutino, con 4.8518 y 4.814 pacas/ha respectivamente. Debido a que el cultivo se desarrolló en condiciones adversas por el daño de mosca blanca, el testigo absoluto solo permitió un rendimiento de 2.0801 pacas/ha.

Tratamientos	Rendimiento (Pacas/Ha)	Clasificación estadística
T. Químico (Herald + Hostathion)	5.2963	a
Verticillium (A.V.)	5.0370	a
Verticillium (A.M.)	4.8889	b
Paecilomyces (A.V.)	4.8518	b
Paecilomyces (A.M.)	4.8148	b
Testigo Absoluto	2.0801	c

Tratamientos con la misma letra, son estadísticamente iguales.
Tukey, 0.05.

Cuadro 1. Rendimiento obtenido en el cultivo del algodonero, con el uso de entomopatógenos en diferentes momentos de aplicación, en la Colonia Pólvora, B.C.

6.2. Respuesta de la variable altura de planta en el cultivo de algodón, obtenida en la Colonia Pólvora, B.C.

El análisis estadístico, desarrollado mediante la prueba de Tukey, 0.05, en ésta variable, muestra un solo grupo (Cuadro 2), lo que indica que el efecto de los tratamientos sobre la altura de planta, prácticamente fue el mismo, observándose una diferencia entre estos de solo 4 cm; en donde *Paecilomyces sp.*,aplicado durante la tarde, indujo una altura de 96.0 cm, mientras que el testigo absoluto permitió un porte de 92.0 cm, la menor altura obtenida en el experimento, lo que se observa en el Cuadro 2.

6.3. Dinámica poblacional de mosca blanca bajo el efecto de entomopatógenos, en el cultivo de algodonero. Colonia Pólvora, B.C.

La conducta observada en el Cuadro 3, referente al número de adultos de mosca blanca por hoja, demuestra que el tratamiento químico fue el que permitió menor población con 15.5, sin embargo los tratamientos de *Paecilomyces sp.* (A.M.) y *Paecilomyces sp.*(A.V.), desarrollaron una respuesta de 18.0 y 17.0

Tratamientos	Altura en centímetros	Clasificación estadística
Paecilomyces sp. (A.V.)	96.0	a
Paecilomyces sp. (A.M.)	95.0	a
Verticillium sp. (A.V.)	93.0	a
Verticillium sp. (A.M.)	92.0	a
T. Químico (Herald + Hostathion).	92.0	a
Testigo Absoluto	92.0	a

Tratamientos con la misma letra, son estadísticamente iguales.
Tukey, 0.05.

Cuadro 2. Altura de planta obtenida en el cultivo del algodonero con el uso de entomopatógenos, en diferentes momentos de aplicación, en la Colonia Pólvora, B.C.

Tratamientos	Adultos por hoja	Ninfa en 2.25 cm^2	Huevecillos en 2.25 cm^2
Paecilomyces sp. (A.M.)	18.0	2.8	10.0
Paecilomyces sp. (A.V.)	17.0	4.4	19.0
Verticillium sp. (A.M.)	30.0	7.0	13.0
Verticillium sp.(A.V.)	25.0	6.0	15.0
Herald + hostathion	15.5	6.6	10.0
T. Absoluto	35.0	23.0	90.0

Cuadro 3. Dinámica poblacional de mosca blanca registrada por efecto de entomopátogenos, en diferentes momentos de aplicación, en algodón, en la Colonia Pólvora, B.C.

adultos por hoja, conforme a lo esperado. De igual manera, *Verticillium sp.* (A.M.), permitió una población de 30.0 adultos por hoja, 5.0 más que el tratamiento de *Verticillium (*A.V.) con 25.0 adultos por hoja. En contraste, el testigo absoluto, permitió 35.0, el valor más alto registrado en el experimento. Mientras tanto, el comportamiento registrado para ninfa en 2.25 cm^2, demuestra que *Paecilomyces sp.* mantuvo la menor población con 2.8 y 4.4 ninfas en aplicaciones matutinas y vespertinas respectivamente. La aplicación de *Verticillium sp.* (A.V.), permitió 6.0 ninfas por hoja, similar al efecto del tratamiento Químico con 6.6 y *Verticillium sp.* (A,M.) al permitir 7.0 ninfas en 2.25 cm^2. En el testigo absoluto se registró un total de 23.0 ninfas sobre la misma superficie. El menor número de huevecillo en 2.25 cm^2 fue de 10.0, logrado con el tratamiento químico; así como con *Paecilomyces M.; Verticillium M. y Verticillium V.* permitieron 13.0 y 15.0 huevecillos en 2.25 cm^2, mientras que con el tratamiento de *Paecilomyces V.* se logró un número de 19.0. De una manera muy contrastante se observó el comportamiento de huevecillos por efecto del tratamiento absoluto, ya que se registraron hasta 90.0 sobre la misma superficie.

6.4. Respuesta de la variable rendimiento en el cultivo de algodón, obtenido en el Ejido Jalapa, B.C.

En los resultados obtenidos se observó, que tanto el tratamiento químico (6.906 pacas/ha), como la mezcla de entomopatógenos + el tratamiento químico (6.834 pacas/ha), fueron los más sobresalientes, como resultado de una menor exposición al ataque de mosca blanca. Las aplicaciones independientes de entomopatógenos, arrojaron una diferencia notable de 1.282 pacas/ha, mientras que con el género *Verticillium sp.* (1×10^8) se logró una producción de 6.339 pacas/ha, con *Paecilomyces sp.* (1×10^8) se obtuvieron 5.057 pacas/ha. El testigo absoluto, espacio en el que no se aplicó tratamiento, permitió un rendimiento de 4.961 pacas/ha. (Cuadro 4.)

6.5. Respuesta de la variable altura de planta en algodonero, obtenida con el uso de entomopatógenos, en el Ejido Jalapa, B.C.

El análisis estadístico desarrollado para ésta variable, muestra un solo grupo (Cuadro 5), lo que indica un escaso efecto de los tratamientos sobre la altura de planta, observándose una diferencia entre éstas de tan solo 6 cm; en donde el tratamiento químico, promovió una altura de 114.0 cm, mientras que el testigo absoluto, permitió 120.0 cm, la mayor altura obtenida en el experimento.

Tratamientos	Rendimiento (Pacas / Ha)	Clasificación estadística
Herald + hostathion	6.906	a
Herald + hostathion + entomopatógenos	6.834	a
Verticillium sp. (1 × 10^8)	6.339	ab
Paecilomyces sp. (1 × 10^8)	5.057	bc
Testigo Absoluto	4.961	c

Tratamientos con la misma letra, son estadísticamente iguales.
Tukey, 0.05.

Cuadro 4. Rendimiento obtenido en el cultivo del algodonero, con el uso de entomopatógenos, en el Ejido Jalapa, B.C.

Tratamientos	Altura en centímetros	Clasificación estadística
Herald + hostathion	114.0	a
Herald + hostathion + entomopatógenos	117.0	a
Verticillium sp. (1 × 10^8)	117.0	a
Paecilomyces sp (1 × 10^8)	115.0	a
Testigo Absoluto	120.0	a

Tratamientos con la misma letra, son estadísticamente iguales.
Tukey, 0.05.

Cuadro 5. Altura de planta obtenida en el cultivo del algodonero, con el uso de entomopatógenos, en el Ejido Jalapa, B.C.

6.6. Dinámica poblacional de mosca blanca bajo el efecto de entomopatógenos, en algodonero. Ejido Jalapa, B.C.

El comportamiento expresado por el insecto se observa en el Cuadro 6, donde la menor población de adultos de mosca blanca por hoja, se detectó con el tratamiento químico con 2.0; sin embargo, los tratamientos de la mezcla de producto químico y entomopatógenos así como el género *Verticillium sp.* (1 × 10^8), arrojaron respectivamente 3.6 y 5.2 adultos por hoja. El tratamiento donde se aplicó *Paecilomyces* sp. (1X10^8) y el testigo absoluto, permitieron las poblaciones más altas de adultos por hoja, con 12.7 y 15.0, respectivamente, conforme a lo previsto. Mientras tanto, el comportamiento registrado para ninfa en 2.25 cm^2, demuestra que el tratamiento químico, mantuvo la menor población con 1.8. La aplicación del tratamiento químico + entomopatógenos, permitió 3.4 ninfas por hoja, similar al efecto de *Verticillium sp.* (1 × 10^8), con 5.1. No obstante, los tratamientos que manifestaron menor protección al cultivo fueron *Paecilomyces sp.* (1 × 10^8) con 13.0 y el testigo absoluto, con 14.1 ninfas en 2.25 cm^2

En relación a la dinámica descrita, la mayor producción se logró con el tratamiento químico con 6.906 pacas por hectárea, sin embargo los tratamientos con la mezcla y el género *Verticillium sp.* a razón de (1 × 10^8), representan a su vez una alternativa en el control del insecto, ya que permitieron 6.834 y 6.339 pacas por hectárea respectivamente, 1.873 y 1.378 más que las obtenidas en el tratamiento testigo.

Tratamientos	**Adultos por hoja**	**Ninfa en 2.25 Cm^2**
Herald + hostathion	2.0 d	1.8 de
Herald + hostathion + entomopatógenos	3.6 d	3.4 d
Verticillium sp. (1 × 10^8)	5.2 cd	5.1 cd
Paecilomyces sp. (1 × 10^8)	12.7 b	13.0 ab
Testigo Absoluto	15.0 a	14.1 a

Tratamientos con la misma letra, son estadísticamente iguales.
Tukey, 0.05.

Cuadro 6. Dinámica poblacional de mosca blanca registrada en el cultivo del algodonero, en el Ejido Jalapa, B.C.

6.7. Presencia de fumagina, registrada en el cultivo de algodonero, en el Ejido Jalapa, B.C.

Respecto a la presencia de fumagina (Cuadro 7), se determinó que el menor valor correspondió al tratamiento químico con 11.0%, con una clasificación estadística igual al tratamiento con la mezcla entre el producto químico y los géneros de entomopatógenos (cd), al permitir un 12.0%. Sin embargo, la aplicación de los géneros de entomopatógenos no demostró un buen efecto en contra del desarrollo de fumagina, ya que con *Verticillium sp.* (1×10^8) se detectó un 22.0% y con *Paecilomyces sp.* (1×10^8), un 31.0%. El máximo valor en relación a la presencia de fumagina fue de 53.0% obtenido en el testigo absoluto.

Tratamientos	**Presencia de fumagina (%)**	**Clasificación estadística**
Herald + hostathion	11.0	cd
Herald + hostathion + entomopatógeno	12.0	cd
Verticillium sp ($1X10^8$)	22.0	bc
Paecilomyces s.($1X10^8$)	31.0	b
Testigo Absoluto	53.0	a

Tratamientos con la misma letra, son estadísticamente iguales.
Tukey, 0.05.

Cuadro 7. Porcentaje de fumagina registrada en el cultivo del algodonero, con el uso de entomopatógenos, en el Ejido Jalapa, B.C.

Capítulo 7

CONCLUSIONES

Las aplicaciones de los dos géneros de entomopatógenos durante la tarde, fueron más efectivas en el control de mosca blanca, en relación a las aplicaciones por la mañana, sobresaliendo el género *Verticillium sp.* al obtenerse 5.037 pacas/ha, durante el primer ciclo de evaluación, en la Colonia Pólvora, B.C.

La utilización del género *Verticillium sp.* representa una alternativa de control biológico, ya que es capaz de inducir una producción sobresaliente (6.339 pacas/ha) con fibra moderadamente afectada por fumagina, observado durante el segundo ciclo de evaluación en el Ejido Jalapa, B.C.

El mayor potencial de rendimiento (6.906 pacas/ha), así como la producción de fibra menos manchada por fumagina (11%), se logró con la mezcla de los productos Herald 0.5 l/ha + Hostathion 1.5 l/ha.

La dinámica del insecto, se vio drásticamente afectada por la aplicación de la mezcla Herald 0.5 l/ha + Hostathion 1.5 l/ha, al permitir un promedio de población de 2.0 adultos por hoja y 1.8 ninfas cada 2.25 cm^2 de superficie foliar.

Capítulo 8

BIBLIOGRAFÍA

Brown, J.K. (1992). *Differentiating Population of Bemissia tabaci in the Southwestem U.S. Northwestem México.* Departament of Plant Sciences and Plant Patology University of Arizona. Tucson, Arizona. USA.

Ceceña, D.C. (1996). *Factiblidad del empleo de entomopatógenos para el control de mosca blanca* Bemisia argentifolii, *en el cultivo del algodonero, en el Valle de Mexicali, B.C., Ciclo 1996-96.* Reporte Técnico de Investigación Universidad Autónoma de Baja California. Instituto de Ciencias Agrícolas. pp. 3-5.

Cepeda, S.M., & Gallegos, M.G. (1995). *Evaluación de la efectividad biológica, de biostat Paecilomyces lilacinus (Thom) Samsom, para el control de nemátodos en papa* (Solanum tuberosum L.) *en Navidad, Galeana, Nuevo, León, México.* Reporte técnico. Universidad Autónoma Agraria Antonio Narro, Depto. de Parasitología. Saltillo, Coahuila, México. p. 34.

Deacon, J.W. (1988). *Introducción a la Micología Moderna.* LIMUSA, México. pp. 1-25.

De la Rosa, R.W., Alatorre, R., Pinto, V.W., & Trujillo, A. (1995). *Manejo del hongo Entomopatógeno Beauveria bassiana (Bals.) Vuill. y su efecto sobre la broca de café Hepothenemus hampei (Ferr.) y su parasitoide Cephalonomia stephanodenu Betrem. Revista Chapingo.* Serie Protección Vegetal. Universidad Autónoma de Chapingo. II(1).

Duarte, R.M.A. (1992). *Generalidades sobre Mosca Blanca. Métodos de control de Mosca Blanca en Hortalizas.* UABC, SARH y CNRCB. Mexicali, B.C. México. pp. 1-7.

Farques, J. (1983). Adhesión of the fungal spore to the insect cuticle in relation to pathogenecity. En *Infection processes of fungi.* Roberts, D.W. y Aist, J.R. (Eds.), N.Y. pp. 90-110.

Fernández, S.A., & Colmenares, X. (1996). Evaluación de Beauveria spp. para el control de Premnotrypes vorax Hustache en Papa. CONACYT y FONAIAP. Venezuela.

Ferron, P. (1985). *Les Chapignons Entomopathogenes: Evolution des recherches au cours des dix derniere annees.* Bull. SROP, 54 p.

Ferron, P. 1978. Biological control of insect pest by entomogenus fungi. *Ann. Rev. Entomol.*, 23, pp. 409-442. https://doi.org/10.1146/annurev.en.23.010178.002205

Ferron, P. (1975). *Fungal Control. En: Compresnhensive insect Physcology, Biochemistry and Pharmacology.* G.A. Kerful y L. T. Gillbert (Eds.), 2, Pergamon Press. pp. 314-436.

Folleto Técnico (1995). *Manejo del Algodonero para Escape al Daño de Mosquita Blanca de la Hoja Plateada.* Instituto de Ciencias Agrícolas. Universidad Autónoma de Baja California. Mexicali, México. p. 16.

García, J., & Del Pozo, E. (1994). *Efecto de diferentes condiciones de cultivo en el desarrollo de Verticillium lecani (Zimn) Viegos. Evento 95 Aniversario.* Instituto Superior de Ciencias Agropecuarias de la Habana Facultad de Agronomía, Cuba. p. 153.

Gerling, D. (1967). *Bionomics of the Whitefly-Parasite Complex Associated whit Cotton in Southern California* (Homoptera Aleyrodidae: Hymenoptera Aphelinidae). University of California. Riverside. USA. p. 1306-1321.

Gerling, D. (1986). Natural Enemies of Bemisia tabaci biological Characteristics and Potential as Biological Control Agents: A. review. *Agriculture and Environmental,* 17, pp. 99-110. https://doi.org/10.1016/0167-8809(86)90031-9

Gómez, A.L.Y., Gómez, D.S.R., & Núñez, Z.V.M. (2011). *Expresión de las proteínas recombinantes CRY2Aa y CRY2Ab de* Bacillus thuringiensis var, kurstaki *y su evaluación biológica sobre larvas de primer instar de Tecia solanivora.* Examen profesional de Maestría en Ciencias. Bogotá, D.C. Colombia. p. 16.

González, R.A. (1992). Whitefly Invasión in Imperial Valley Growers, Workers Millions in Losses. *California Agriculture,* 46(5), pp. 7-8. U.S.A.

Gruenhagen, N. M. (1993). Silverleaf Whitefly Present in the San Joaquín Valley. *California Agriculture,* 47(1), pp. 4-6. U.S.A.

Ignoffo, C.M. (1981). The fungus Nomureae rileyi. En *Microbial Control of Pest and Plant Diseases, 1970-1980,* Berges. H.D. (Ed.). Academic Press, London, N.Y. pp. 523-538.

Jiménez, J.E. (1999). *50 años de combate biológico de plagas agrícolas en México. Secretaría de Agricultura y Recursos Hidráulicos.* Instituto Interamericano de Cooperación para la Agricultura. México, D.F. pp. 13-14.

Jiménez, L.C. (1995). *Producción masiva de Beauveria bassiana (Bals) Wuill, en condiciones rurales.* Evento 95 Aniversario. Instituto de Ciencias Agropecuarias. Facultad de Agronomía. Cuba. p. 154.

Lacely, C., Lacey, L.A., & Roberts, D.W. (1990). Route of Invasion and Histopatology of Metarhizium anisopliae in Culex Quinque fasciatus. *J. Invertebr. Pathol.,* 52, pp. 108-118. https://doi.org/10.1016/0022-2011(88)90109-7

León, V.R., Cervantes, R.M., & Sánchez, R.B. (1993). *Manejo de la Mosca Blanca Bemisia tabaci en algodonero y fortalecimiento del Control Biológico.* Memoría del Comité Internacional de Plagas del Algodonero, Mazatlán, Sinaloa, México. pp. 45-51.

Lezama, G.R., & Munguía, R.A. (1990). *Evaluación de 5 sustratos en la multiplicación masiva de tres cepas de Metarhizium amisopliae (Metsh) Sor. Y su virulencia sobre Spodóptera frugiperda.* XIII Reunión Nacional de Control Biológico. Colima, Colima, México.

Machain, L.M., Martínez, N.J.M., Meléndez, R.M., Servín, J.C., & Legaspi, D.F. (2000). *Manejo Integrado de Plagas del Algodonero en el Valle de Mexicali.* Universidad Autónoma de Baja California. Instituto de Ciencias Agrícolas. Mexicali, B.C. México. p. 32.

Machain, L.M. (1993). *Determinación del Inicio del Período Crítico al Ataque de Mosca Blanca, Bemisia tabaci Biotipo B en Algodonero.* Memorias II Ciclo de Conferencias sobre Mosca Blanca Bemisia tabaci. S.A.R.H. e Imperial Country Agricultural Comissioner's Office. Mexicali, B.C. México. pp. 66.

Maniania, N.K. (1991). Potencial of some fungal pathogens for the control of pests in the tropics. *Insects Sci.* 12, pp. 63-70.

Mc Leod, D.M. (1954). Investigations on the genera Bauveria and Tritirachium Limber. *Can J. Bot.,* 32(6), pp. 818-890. https://doi.org/10.1139/b54-070

Medina, E.J., León, L.R., & Sosa, C.J. (1995). *Evaluación de Insecticidas Contra Mosca Blanca en Algodón, Valle de Mexicali.* SARH-INIFAP-CIRNO-CEMEXI. México.

Medina, M.R. (1993). *Medidas Fitosanitarias Integrales para el Control de Mosquita Bemisia tabaci Biotipo B y otras plagas del Algodonero.* I.I.A.G.-U.A.B.C. Valle de Mexicali, B.C. México.

Méndez, P.P. (1993). *Efecto de la Mosca Blanca, Bemisia tabaci Biotipo B sobre tres variedades de Algodonero Gossypium hirsutum en cuatro fechas de siembra con y sin aplicación de insecticidas ciclo 1993.* Mexicali, B.C. Memorias II Ciclo de Conferencias sobre Mosca Blanca Bemisia tabaci. S.A.R.H. e Imperial Country Agricultural Comissioner's Office. Mexicali, B.C. México. pp 50-52.

Metcalf, C.L., & Flint, W.P. (1998). *Insectos Destructores e Insectos Útiles. Sus Costumbres y su Control.* 19na. Impresión Edit. C.E.C.S.A. México. pp. 359-528.

Minkenberg, O., Simmons, G.S., Malloy, R., Kaltenbach, J., & Leonard, C. (1993). *Control Biológico de Mosquita Blanca en Algodonero. La realidad.* Memoria del Comité Internacional de Plagas de Algodonero. Mazatlán. México. pp. 60-70.

Monzón, A. (2001). *Producción, Uso y Control de Calidad de los Hongos Entomopatógenos en Nicaragua.* Nicaragua. pp. 95-103.

Moschetti, R.S.F. (1999). *Integrated Pest Management Bulletin.* IPM of Alaska Wasilla, Alaska. pp. 1-2.

Natwick, E.T., Mayberry, K.S.C.E. (1993). *Silver leaf Whitefly Control Through Cultural Practices.* Memorías II Ciclo de Conferencias sobre Mosca Blanca Bemisia tabaci. S.A.R.H. e Imperial Country Agricultural Comissioner´s Office. Mexicali, B.C. México. pp. 44-49.

Neves, P.J., & Alves A.B. (2000). *Selección de Razas de Beauveria Bassiana y Metarryzium anisopliae para el control de Termitas Cornitermes cumulans Departamento de Agronomía.* Brasil. pp. 373-378.

Quaintance, A.L., & Baker, A.C. (1914). Tech. S.B. *Entomological A. Agricultural.* 27, part. III, pp. 99-100.

Retault, C., & Vey, A. (1966). Production d'Esterases et de N-Acety 1-13-D-Glucosamidase dans le tegument ducoleoptere Orycetes rhinocerus para le champignon entomopatogene M. Anisopliae. *Entomóphaga,* 22(3), pp. 289-294. https://doi.org/10.1007/BF02372150

Roltsch, W.J. (1993). *Cdfa Biological Control Program in the Imperial Valley.* Memorias II Ciclo de Conferencias sobre Mosca Blanca, Bemisia tabaci, S.A.R.H.-C.R.S.V. e Imperial Country Agricultural Comissioner's Office. Mexicali, B.C. p. 65.

Ruíz, V.J., & Aquino, B.T. (1996). Agentes biológicos en el manejo integrado de mosca blanca en tomate y chile. En *Horticultura Mexicana.* Ed. Sociedad Mexicana de Ciencias Hortícolas, A.C. Hermosillo, Son. 8(1), pp. 114-126.

SARH (1993). *Evaluación de la producción de hortalizas del ciclo Primavera-Verano 1993-93, en el Distrito de Desarrollo Rural 001, Ensenada.* Secretaría de Agricultura y Recursos Hidráulicos. Ensenada, B.C. México.

Samaliev, H.Y., Andreoglou, F., Alaward, S., Hague, N., Gowen, S., & Smith, P.H. (2000). *La susceptibilidad de la Segunda Etapa Juvenil de Meloidogyne javanica al nematodo entomopatógeno Steinema abasí.* Departamento de Agricultura. Austria. pp. 61-65.

Steel, R.G.D., & Torrie, J.H. (1998). *Bioestadística, principios y procedimientos.* Mc-Graw-Hill, Interamericano de México, S.A. de C.V. p. 572.

Tkacsuk, C., Mietkiewski, R., Balazy, S., & Smith, P.H. (2000). *Temperatura como factor selectivo para aislamiento de hongos Entomopatógenos.* Universidad Agrícola y Pedagógica de Polonia. Polonia.

Vey, A., Fargues, J., & Roberts, P. (1982). Histological and Ultrasturcural Studies of Factor Determining the Especificity of the Fungus Metarhizium anisopliae for scarabeid larvae. *Entomophaga,* 27, pp. 287-397. https://doi.org/10.1007/BF02372061

Wermelinger, E.D., Zanuncio, J.C. Rancel, E.F. Cecon, P.R., & Rabinovich, J. (2000). *Actividad tóxica de Bacillus thuringiensis Israelence, contra Larvas de Lutzonia longigalpis.* Departamento de Ciencias Biológicas. Brasil. pp. 51.

Wiloughby, B.E., Glane, T.R., Ketlewell, F.J., Nelson, T.L., & Calaghan, M.O. (1998). *Beauveria bassiana como agente potencial en el biocontrol del gorgojo de la raíz del clavo Sitono lepidus Ag. Reserch.* Nueva Zelanda. pp. 9-15.

Zimmermann, V.G. (1993). The entomopathogenic fungus M. Anisopliae and its potential as a biocontrol agent. *P. Esfic. Sci.,* 37, pp. 375-379.

ANEXOS

ANEXO 1

Uso de entomopatógenos para el control de mosca blanca

Los entomopatógenos son microorganismos capaces de generar un daño a un insecto, al grado de exterminarlo; entre éstos grupos nocivos para las plagas, podemos citar: Bacterias, virus y hongos, principalmente. En el Instituto de Ciencias Agrícolas se han realizado investigaciones de tipo básico y de aplicación, relacionados con diversos géneros de hongos. Bajo condiciones de manejo en laboratorio, los géneros de hongos estudiados fueron: *Verticillium sp., Paecilomyces sp. y Beauveria sp*; dichos microorganismos se sometieron a diversas pruebas. Tanto *Verticillium sp.* como *Paecilomyces sp.*, mostraron mayor adaptabilidad a las pruebas realizadas, habiéndose incluido:

1. Rango óptimo de temperatura (ºF) para: germinación, crecimiento y reproducción,
2. Rango óptimo de humedad relativa (%),
3. Requerimientos nutricionales y medio de cultivo y
4. Necesidades de p.H.

A continuación se indican algunos productos disponibles para el control biológico de plagas a nivel regional.

Ficha Técnica de *Verticillium lecanii (Lecanicillium lecanii)*	
Presentación	Polvo mojable
Características microbiológicas	Concentración: 5×10^8 esporas/gramo (quinientos millones de esporas por gramo)
	Germinación: 85% en transcurso de 24 y 48 horas
	Pureza: 85-95%
Características fisicoquímicas	Ingrediente activo: *Verticillium lecanii* 50%
	Ingrediente aditivo: 50% de activador energético (carbohidrato)
	Suspensión promedio 150% a los 50 minutos
	P.H. Neutro
Empaque	Frascos de 200 gramos
Dilución	En agua a razón de un litro/gramo

Ficha Técnica de *Paecilomyces lilacynus*	
Presentación	Polvo mojable
Características microbiológicas	Concentración: 5×10^8 esporas/gramo (quinientos millones de esporas por gramo)
	Germinación: 85% en el transcurso de 24 y 48 horas
	Pureza: 85-95%
Características fisicoquímicas	Ingrediente activo: *Paecilimyces lilacynus* 50%
	Ingrediente aditivo: 50% de activador energético (carbohidrato)
	Suspensión promedio 150% a los 50 minutos
	P.H. Neutro
Empaque	Frascos de 200 gramos
Dilución	En agua a razón de un litro/gramo

Ficha Técnica de *Beauveria bassiana*	
Presentación	Polvo mojable
Características microbiológicas	Concentración: 5×10^8 esporas/gramo (quinientos millones de esporas por gramo)
	Germinación: 85% en el transcurso de 24 y 48 horas
	Pureza: 85-95%
Características fisicoquímicas	Ingrediente activo: *Beauveria bassiana* 50%
	Ingrediente aditivo: 50% de activador energético (carbohidrato)
	Suspensión promedio 150% a los 50 minutos
	P.H. Neutro
Empaque	Frascos de 200 gramos
Dilución	En agua a razón de un litro/gramo

Ficha Técnica de *Metarhizium anisopliae* strain F51	
Presentación	Polvo mojable
Características microbiológicas	Concentración: 1×10^8 conidias (100 millones de esporas por gramo)
	Germinación: 95% en el transcurso de 24 y 48 horas
	Pureza: 95-100%
Características fisicoquímicas	Ingrediente activo: *Metarhizium anisopliae* 50%
	Ingrediente aditivo: 50% de activador energético (carbohidrato)
	Suspensión promedio 150% a los 50 minutos
	P.H. Neutro
Presentación	Sobre con 100 gramos
Almacenamiento	Requiere mantenerse en un lugar fresco y seco preferentemente a temperaturas menores de 25 ºC.

Ficha Técnica de *Metarhizium anisopliae*	
Presentación	Polvo mojable
Características microbiológicas	Concentración: 5 × 10^8 esporas/gramo (quinientos millones de esporas por gramo)
	Germinación: 85% en el transcurso de 24 y 48 horas
	Pureza: 85-95%
Características fisicoquímicas	Ingrediente activo: *Metarhizium anisopliae* 50%
	Ingrediente aditivo: 50% de activador energético (carbohidrato)
	Suspensión promedio 150% a los 50 minutos
	P.H. Neutro
Empaque	Frascos de 200 gramos
Dilución	En agua a razón de un litro/gramo

Ficha Técnica de *Verticillium lecanii*	
Presentación	Polvo mojable de color blanco
Características microbiológicas	Concentración: 1 × 10^8 conidias/gramo (Cien millones de esporas por gramo)
	Germinación: 85% en el transcurso de 24 y 48 horas
	Pureza: 85-95%
Características fisicoquímicas	Ingrediente activo: Esporas del hongo imperfecto *Verticillium lecanii*
	Ingrediente aditivo: Talco OMYATALC 44
	P.H. de 5.0-7.0
Empaque	Frascos de 200 gramos de producto comercial
Dilución	En agua a razón de un litro/1 a 2 gramos de producto

Ficha Técnica de ***Beauveria Bassiana*** **(Cepa GHA)**	
Presentación	Suspensión Emulsificable con presentación líquida
Características microbiológicas	Concentración: 1×10^9 conidias/ml (Mil millones de esporas por cm^3)
	Germinación: 90% en el transcurso de 24 y 48 horas
	Pureza: Mayor a 95%
Características fisicoquímicas	Ingrediente activo: Esporas del hongo *Beauveria Bassiana* (Cepa GHA)
	Ingrediente aditivo: Pegador RSG / Degusta sílica / Aerosid 200 / Zeofree 80 / Orchex.
	P.H. de 5.5-9.0
Empaque	Frascos de 1 litro de producto comercial
Dosis	250 ml a 1 litro de MYCOTROL SE por hectárea en 100-1000 litros de agua

Ficha Técnica de ***Nomurea riley*** y ***Beauveria Bassiana***	
Presentación	Suspensión Emulsificable con presentación líquida
Características microbiológicas	Concentración: 1×10^7 ufc/ml (10 millones de *Nomurea riley*) 1×10^7 ufc/ml (10 millones de *Beauveria bassiana*)
	Germinación: 90% en el transcurso de 48 horas
	Pureza: Mayor a 95%
Características fisicoquímicas	Ingrediente activo: Esporas del hongo *Beauveria Bassiana* y *Nomurea riley*
	Agentes emulsificante 00.60%) Acondicionadores y diluyentes (45.4%)
	P.H. de 5.0-6.0
Empaque	Frascos de 1 litro de producto comercial
Dosis	De 1.0 a 2.0 l/ha, en 100-400 litros de agua

Anexo 2

Imágenes

Ubicación del laboratorio de fitopatología del Instituto de Ciencias Agrícolas, U.A.B.C. en el Valle de Mexicali, B.C.

Imágenes de hojas del cultivo infectadas con mosquita blanca

Imágenes de aislamiento de la mosquita blanca de hojas de algodón

Made in United States
North Haven, CT
05 November 2026

21767242R00039